Cafe !n Europe

카페 인[!n] 유럽

Writers
Dahye Yoon
Miyoung Ahn
Yonshil Lee
Noh-Young Park

Publisher
Minji Song

Managing Director
Changsoo Han

Editors
Jisoo Hong
Jeongyun Hwang

Designers
Youngkwang Kim
Hyejin Kim

Marketing & PR
Daejin Oh

Publishing
Pygmalion

Brand
easy&books
easy&books는 도서출판 피그마리온의
여행 출판 브랜드입니다.

ISBN 979-11-85831-93-0
ISBN 979-11-85831-92-3 (세트)

등록번호 제313-2011-71호 등록일자 2009년 1월 9일
초판 1쇄 발행일 2020년 4월 20일
초판 2쇄 발행일 2021년 5월 20일

서울시 영등포구 선유로 55길 11, 6층 TEL 02-516-3923
www.easyand.co.kr

EASY & BOOKS

저마다 다른 목적을 가지고 카페를 찾고, 다양한 모습으로 카페를 소비한다. 카페에서 업무와 공부에 집중하기도 하고 소중한 사람과 대화를 나누기도 하며 혼자만의 여유로운 시간을 보내기도 한다. 카페에는 제각기 다른 사람들의 일상이 공존하고, 그렇기에 단지 공간이 아닌 문화의 영역으로 확장된다.

카페 문화의 처음을 알린 건 유럽이었다. 1686년 이탈리아에서 지금의 모습을 갖춘 최초의 카페가 등장했으며, 곧 유럽 전역으로 퍼져나갔다. 공간에는 수많은 사람이 모였고 사람이 모이면 이야기가 오가기 마련이다. 이야기의 주제와 주체는 매번 달랐다. 지식인들이 정치를 논하기도 예술가들이 철학과 작품에 관해 나누

기도 했다. 이에 따라 이곳에서는 새로운 유행이 나타나고 사라지길 반복했다.

유럽의 카페들은 지금도 이 문화를 그대로 이어가고 있다. <카페 in 유럽>은 지금의 유럽 카페 문화를 느낄 수 있는 카페들을 7개의 테마로 분류해 소개한다. 오랜 역사와 고전 인테리어를 자랑하는 카페부터 로컬의 아지트 역할을 하는 카페, 커피 맛과 브런치 메뉴로 유명하거나 문화 공간을 겸하는 카페, 마지막으로 북카페까지. 수많은 이가 만들어낸 문화 위에 각자의 색깔로 덧칠하고 있는 유럽 카페의 다채로운 매력을 여행할 수 있다.

Contents

France : Paris

12.

Czech : Praha

16.

United Kingdom : London

13.

Germany : Berlin

6.

01. 레 더 마고 파리에서 가장 오래된 카페 중 하나인 '레 더 마고'. '두 개의 중국 점토 인형'이라는 뜻으로, 카페로 문 열기 이전, 온갖 신기한 물건들을 팔던 고급 상점이었을 당시의 이름을 그대로 사용하고 있다. 내부에는 실제로 두 개의 중국 점토 인형이 역사의 산증인인 양 자리하고 있다. 카페는 순식간에 피카소, 헤밍웨이와 같은 예술과 문학계 거장들이 작품을 의논하고 비평하는 공간이 되었다.

cafe with

european history

이에 '레 더 마고'는 문학적 소명을 갖고 1933년 '더 마고 상Prix des Deux Magots'이라는 문학 어워드를 만들었고 현재까지도 매년 1월 재능 있는 작가들에게 영광의 상장을 수여하고 있다. 그렇게 이곳은 유럽의 역사와 문화를 이끈 카페의 정체성을 잃지 않으며 오늘날까지 사랑받고 있다.

6 Place Saint-Germain des Prés, 75006 / Saint-Germain des Prés 역에서 도보 1분 매일 07:30~01:00

Paris

cafe with european history

02.
La Palette

02. 라 팔레뜨 시크하면서도 보헤미안적인 라틴 지구 분위기에 가장 잘 맞는 식당. 미국 가수
짐 모리슨, 피카소, 헤밍웨이 등 많은 예술가가 즐겨 찾았던 곳. 내부에는 테이블이 많지 않고,
테라스 테이블이 대부분인데 주로 꽉 찬다. 오늘의 점심 메뉴와 브런치는 특히 인기라 식사
시간에 맞춰 일찍 가지 않으면 다 떨어지는 경우가 많다. 와인 메뉴도 다양해서 새벽 2시까지
운영되는 바도 인기.

cafe with
european history   Paris

43 Rue de Seine, 75006 /
Saint-Germain des Prés 역에서 도보 4분
월~토 08:00~02:00, 일 10:00~02:00

cafe with

european history

Paris

03. 카페 드 플로르 레 더 마고와 함께
파리에서 가장 오래된 커피숍 중 하나. 서로
마주 보고 있는 두 카페는 영원한 경쟁자라고
하는데, 생긴 시기부터 예술가들과
철학자들의 아지트였던 역사적 사실, 카페의
전반적인 분위기까지 마치 쌍둥이처럼
닮았다. 현지인들에게 둘 중 어느 카페를
추천하냐고 물어보면 돌아오는 대답은 늘,
'각자 취향에 따라서'.

172 Boulevard Saint-Germain, 75006 /
Saint-Germain des Prés 역에서 도보 1분
매일 07:30~01:30

cafe with

european history Paris

04. 카페 들 라 페 모파상, 에밀 졸라, 차이코프스키 외에도 수많은 정치인들의 미팅 장소였던 이곳은 이제는 카페를 넘어 명소가 되었다. 당대 최고의 건축물을 보기 위해 찾아온 멋쟁이 신사, 숙녀들로 카페 들 라 페는 늘 인산인해를 이루었다. 지금도 파리의 시크함과 상징적인 모습을 잘 담고 있어 영화와 화보 촬영지로도 꾸준한 인기를 누리는 곳. 나폴레옹 3세 시대의 화려함이 엿보이는 내부의 데코는 카페를 역사적 기념물로까지 등극시키는 데 큰 역할을 했다.

5 Place de l'Opéra, 75009 / Opéra 역에서 도보 1분
매일 07:00~00:30

05. 북카페 그레고르 잠자 바츨라프
광장 근처 번화가에 꽁꽁 숨겨진 작고
허름한 느낌을 풍기는 서점 겸 카페.
카프카 〈변신〉의 주인공 이름을 딴
카페이니만큼 내부는 카프카에 대한
오마주들로 가득하다. 실내 공기는
퀴퀴하고, 영어도 잘 통하지 않는다.
그러나 1993년 벨벳 혁명부터 프라하의
젊은이들이 모여 책을 읽고, 국가의 미래에
대해 토론하거나 체스를 두던 이 작은
카페의 품격은 남다르다. 고요한 공간에서
사면에 책을 두고 맛있는 맥주 한잔하는
경험은 지극한 열락. 아직도 이렇게
인간적이고, 서툴고, 느린 공간이 있다는
것에 왠지 모르게 안도하게 된다.

Vodičkova 30 (우 노바쿠U Nováků 파사쥬 내부) /
트램 Václavské náměstí역 도보 2분
월~토 09:00~21:00, 일 휴무

cafe with
european history   <u>Praha</u>

06.
Le Café Suédois

11 Rue Payenne, 75003 / Saint Paul 역에서 도보 5분
화~일 12:00~18:00, 월 휴무

06. 스웨덴 문화원 카페 심플한
스칸디나비안 스타일의 내부와 달리,
정원은 18세기 프랑스 귀족 저택이었던
건물로 둘러싸여 있는 웅장한 모습을
자랑한다. 마치 부잣집 뒷마당 같아서
모르는 사람들은 감히 들어갈 엄두도 못
내지만, 동네 사람들 사이에서는 이미 멋진
테라스 카페로 소문난 곳. 마레 지구의
한적한 거리에 위치한 스웨덴 문화원에서
운영하는 이 카페는 화려한 모습과 달리
메뉴 하나하나에 따뜻함이 배어 있다.
무늬 없는 하얀 머그잔에 담긴 커피가
주는 친근함, 그날 직접 만들어 제공하는
스웨덴 홈메이드 케이크와 쿠키에서
정감이 느껴진다.

cafe with
classic interior

07.
Café Le Jardin du Petit Palais

07. 쁘띠 팔레 정원 카페 개선문과 빼곡히 즐비한 상점들에 시선을 홀딱 뺏겨 샹젤리제 거리 한편에 위치한 쁘띠 팔레Petit Palais의 진가를 알아보는 사람들은 그리 많지 않다. 화려한 건축물 내부에는 파리시에서 무료로 운영하는 예술 전시회 외에 파리지앵들도 잘 모르는 '정원 카페'가 숨어 있다. 열대우림 분위기의 정원과 옛 그리스 아카데미를 연상시키는 건축물이 조화로운 곳. 친절한 가격의 음료와 디저트는 물론 아침/점심 식사도 가능하여 마땅히 먹을 곳 없는 도로 한복판의 오아시스 같은 곳이다. 물론 아는 사람들에게만.

Avenue Winston Churchill, 75008 / Champs-Élysées – Clemenceau 역에서 도보 4분
일~목 10:00~17:00, 금 10:00~19:00, 월 휴무

cafe with

classic interior   Paris

Paris

cafe with
classic interior

08.
Father Carpenter Coffee Brewers

Münzstraße 21, 10178 / U반 Weinmeisterstraße 역 3분 거리
월~금 09:00~18:00, 토 10:00~18:00, 일 휴무

08. 파더 카펜터 커피 하케셔 마크 부근, 상가들에 둘러
싸여 있어 주의 깊게 보아야 찾을 수 있는 카페. 건물 내부에
들어서면 유럽식 중정이 나타나고, 뜰 건너에 보물처럼
들어선 카페가 하나 있다. 신선하고 건강한 아침 메뉴들과
훌륭한 커피 맛을 자랑한다. 이곳의 전형적인 찻잔 색깔은 톤
다운된 블루 빛이다. 바다 빛 푸른 잔과 브라운 색의 물병이
세팅되면 테이블 안에 자연이 꽉 찬 느낌이다. 플랫화이트와
브런치 메뉴들이 괜찮다.

cafe with

classic interior   Berlin

09.
Cafe Letka

09. 카페 레트카 오스트리아-헝가리 제국 시절 카페로 쓰였던 장소의
전통을 카페 레트카가 이어받았다. 허름하면서도 귀족적인 분위기를 동시에
연출하는 인테리어는 SNS상에서 많은 사랑을 받고 있다. 베를린의 유명
로스터리 카페에서 공수하는 원두, 다른 곳에서는 쉽게 찾기 힘든 소규모
양조장 마투슈카 맥주, 정갈한 식사 메뉴 등 독특한 인테리어 못지않은
강점이 차고 넘친다. 주말 브런치를 즐기기 위해서는 예약이 필수.

Letohradská 44 / 트램 Letenské náměstí 역 도보 4분
월~금 08:00~24:00, 토 10:00~24:00, 일 10:00~22:00

cafe with
classic interior

10. 카페 임페리얼 체코의 유서 깊은 도자기 회사의 타일로 마감된
벽면, 정교한 모자이크로 장식된 천장은 한낮의 햇살과 저녁의 황금빛
조명을 받아 찬연하게 빛난다. 1914년 그대로의 모습을 간직하고
있는 이곳에서 커피 한잔하다 보면 막 독립을 이루고 희망에 부풀었던
1920년대 체코의 황금시대로 돌아간 듯한 기분이다. 2013년과
2017년, 2019년에도 미쉐린 가이드에 체코 음식점으로서 소개되기도
했다. 새로 떠오르는 체코 음식점들의 밀리는 느낌이 있어도 이
아름다운 카페에 들러야 할 이유는 충분하다.

cafe with

classic interior

Na Poříčí 15 / 메트로 Náměstí Republiky 역 도보 2분,
메트로 Florenc역 도보 6분, 트램 Bílá labuť 역 도보 2분
매일 07:00~23:00

Praha

cafe with

classic interior

11.
Shoreditch Grind

11. 쇼디치 그라인드 로컬 힙스터들의 모임 장소로 사랑받는 곳. 외부에 걸린 간판이 마치 영화관 같다. 감각적인 인테리어와 음악, 건물 외관과 매장 곳곳에 쓰인 재미있는 문구 등 젊은 아이디어가 살아 숨 쉬는 곳이다. 그 때문에 낮 시간에도 클럽 같은 왁자한 분위기를 자아내며 실제로 밤에는 칵테일바로 변신하기도 한다. 카페 근처의 별도 공간에서 로스팅하는 '그라인드 커피'를 사용해, 커피 맛도 좋은 평가를 받고 있다.

213 Old St, EC1V 9NR / Old Street 역에서 도보 1분
월~목 07:00~23:00, 금 07:00~01:00,
토 08:00~01:00, 일 09:00~19:00

Locals' hideout   London

12.
Lomi

12. 로미 그라피티가 가득한 젊음이 느껴지는 거리, 젊은 파리지앵들로 북적이는 파리 18구. 한때는 이민자들의 동네였던 이곳은 힙스터들의 지역으로 거듭나고 있다. 그리고 그 거리에서 새로운 분위기를 만드는 데 일조한 카페가 바로 로미이다. 노트북을 갖고 오는 손님들을 위한 커다란 테이블을 배치한 공간은 일상을 보내는 로컬 사람들로 가득하다. 커피 소믈리에, 바리스타, 로스터 전문가를 양성하는 과정도 운영해서 전 세계 커피 전문가를 꿈꾸는 사람들 또한 찾아오는 곳. 푸짐한 양의 건강식 점심 식사도 할 수 있다.

3 ter Rue Marcadet, 75018 /
Mercadet-Poissonniers 역에서 5분
월~금 08:00~18:00, 토/일 09:00~19:00

13.
Zeit Raum Kaffee

13. 자이트 라움 커피 커피를 위한 시간과 공간! 로컬의 숨은 진주 같은 카페다. 손님이 앉는 매장만큼 큰 주방에서 신선한 재료로 매일 만드는 수제 케이크와 수프가 맛있고 커피와 차 종류는 말할 것도 없다. 품질 대비 가격도 너무 착하고 접근성도 좋다. 상큼한 민트, 생강차와 당근 케이크의 조합은 건강과 맛 둘 다 챙길 수 있는 강추 아이템!

Bundesallee 93, 12161 / U반 Walther-Schreber Platz에서 도보 1분
월~금 07:00~19:00, 토/일 10:00~19:00

14.
The Farm

14. 더 팜 이웃 모두에게 친절한 카페 더 팜. 지나기는 개를 위해 문밖에 물그릇을 내놓고, 공간 안에도 '당신의 개를 위한 최고의 물'이라 쓰인 반려견 음수대와 키즈 코너를 마련해 놓았다. 배려심 많고 세심한 공간에서는 음식 또한 다정하고 흠잡을 데가 없다. 파머스 마켓에서 구입한 신선한 재료로 요리하여 정성스럽게 내어놓는다. 이처럼 어른, 아이, 동물이 고루 행복한 공간에서 따스함을 느껴보자.

Korunovační 17 / 트램 Korunovační 역 도보 4분
월~금 08:00~22:30, 토 09:00~22:30, 일 09:00~20:00

<u>Praha</u>　　　　　　Locals' hideout

15.
MEZI SRNKY

15. 메지 스른키 현지인들이 사랑하는 맛집이 밀집해 있는 비노흐라디. 그중에서도 나만 알고 싶은 최고의 동네 카페가 여기, 메지 스른키다. 도서관을 연상시키는 기다란 원목 테이블, 시원하게 오픈된 에스프레소 바, 화분이 옹기종기 앉아 있는 선반, 로즈메리 한 줄기가 담긴 물병, 테이블 위 작은 조약돌이 소박하고도 아늑한 분위기를 선사한다.

Sazavska 19 / Náměstí Míru 역 도보 5분
월~금 07:30~18:00, 토/일 09:00~16:00

Locals' hideout   Praha

16.
ŽIŽKAVÁRNA

16. 지즈카바르나 오픈 키친, 친절한 직원, 간단하고 무난한 음식들. 유모차를 미는 엄마가 커피를 사가고, 개와 함께 들어온 커플이 브런치를 먹고, 누군가는 맥주 한잔하며 드로잉 연습을 하고 있는 곳. 지즈코프 지역에 자리한, 평범한 듯하면서도 순하고 명랑한 이 동네 카페에는 오래도록 앉아 있어도 그저 좋다.

Kubelíkova 17 / 트램 Husinecká 역 도보 8분
월~금 07:00~21:00, 토/일 08:30~21:00

17.
BAR COBRA

17. 코브라 바 낮에는 반려견을 데리고 온 홈 오피스족이나 비즈니스 미팅을 하는 사람들로 가득 찬 카페이고, 저녁에는 스웨그 넘치는 선남선녀가 가득한 라운지 바가 되는 야누스적인 공간이다. 확실한 것은 낮에도 밤에도 활기가 넘치는 레트나 최고의 힙스터 플레이스라는 것. 검은 차양이 드리워진 외관에는 가게 이름조차 쓰여 있지 않다. 이름 따위 중요하지 않으니 그저 이곳의 에너지를 느끼면서 편한 시간을 보내면 된다는 뜻일 게다.

Milady Horákové 8 / 트램 Strossmayerovo náměstí 역 도보 2분
월~금 08:00~02:00, 토 10:00~02:00, 일 10:00~24:00

Locals' hideout <u>Praha</u> <u>34</u> 35

18.
Coutume Café

18. 꾸뜀 카페 각 시즌마다 원산지에서 들여오는 신선한 원두로 4번의 단계를 거쳐 거른 필터커피가 유명한 카페이다. 많은 단계를 거치다 보니, 주문 후 나오는 데까지 5~10분 정도 걸린다. 그러나 기다림이 아깝지 않을 정도로 깊은 향과 맛을 느낄 수 있다. 파리의 부촌, 봉마르셰 백화점에서 가까운 곳에 자리하며 파리의 다른 카페들과 달리 넓은 공간과 트렌디한 인테리어가 인상적이다. 손님들은 해외 주재원이나 고위 인사들이 많이 사는 동네니만큼 나이 지긋한 어르신들과 외국인들이 많다.

47 Rue de Babylone, 75007 /
St François-Xavier 역에서 도보 4분
월~금 08:30~17:30, 토/일 09:00~18:00

Paris   good coffee

19.
CafÉothèque

19. 카페오떼끄 과테말라, 페루, 콩고, 에티오피아 등 커피 원산지에서 '직접 거래'해 온 원두를 로스팅해 전 세계 각국 원두의 순수한 맛을 볼 수 있다. 커피 원산지인 남미와 아프리카 느낌을 담은 특징 있는 인테리어가 커피 맛과 함께 마치 그곳을 여행하는 듯한 상상을 불러일으키는 곳. 하지만 눈을 뜨고 창밖을 보면 센느강 건너편으로 생 루이섬이 마주 보인다. 어떤 커피를 맛볼지 고민이 된다면 '오늘의 커피Café du Jour'가 최선의 선택. 파리에서 흔치 않은 아이스 커피도 있다.

52 Rue de l'Hôtel de ville, 75004 / Pont Marie 역에서 도보 2분
매일 09:00~20:00

good coffee   Paris

20.
Terres de Café

20. 떼흐 드 카페 프랑스 최고의 커피
로스팅 전문가로 뽑혔던 크리스토프
세흐블Christophe Servell의 로스팅
노하우로 만든 커피를 직접 맛볼 수 있다.
안에서 마시는 에스프레소가 한 잔에
1.6유로, 홈메이드 파티세리와 에스프레소
한 잔 세트가 고작 2.8유로. 다양한 커피
기구와 각 기구에 맞는 커피 원료를 구입할
수 있고, 매일 맛있는 커피를 직접 내려
마실 수 있는 노하우도 전수해 준다.
직원들은 손님들과 쉴새 없이 커피에 관한
대화를 나누느라 늘 분주하다.

36 Rue des Blancs Manteaux, 75004 /
Rambuteau 역에서 도보 6분
화~토 09:30~19:00, 일 13:00~19:00, 월 휴무

21.
EMA ESPRESSO BAR

21. EMA에스프레소 바 2015년도 세계
바리스타 챔피언십 준결승전까지 진출했을
정도로 실력 있는 바리스타들이 모여 있어
모든 커피 맛이 훌륭하기로 유명한 곳이다.
높다란 천정과 심플한 인테리어는 오감이
먼저 커피 맛에 집중할 수 있도록 도와준다.
그러나 커피를 다 마셔갈 때쯤이면 그 공간을
채우는 레몬 빛의 활기에 젖어 주변 사람들을
하나하나 구경하고 있는 스스로를 발견하게
될 것이다. 커피 맛을 잘 모르는 사람도 이
카페를 사랑할 수밖에 없다.

Na Florenci 3 / Náměstí Republiky 역 도보 1분
월~금 08:00~20:00, 토/일 10:00~18:00

Praha   good coffee

22.
LA BOHÈME CAFÉ

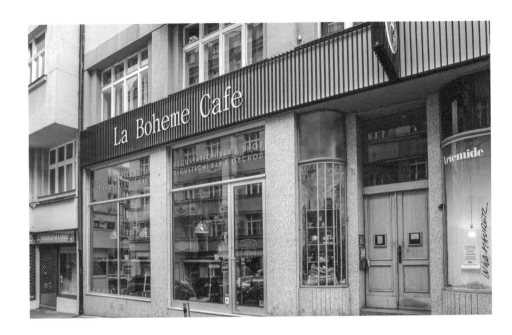

22. 라 보헴 카페 현지인에게도 여행자에게도 인기 만점.
고풍스러운 응접실이나 서재에 앉아 있는 듯한 아름다운
인테리어, 그리고 끝내주는 커피. 그 이상 무엇이 더
필요한가. 다양한 커피 산지에서 공수한 고퀄리티의 원두를
고루 갖추고 있으며, 에스프레소부터 다양한 기구로 내린
필터 커피까지 하나같이 제대로다.

Sázavská 32 / Vinohradská tržnice 역 도보 3분
월~금 08:00~20:00, 토/일 10:00~20:00

<u>Praha</u> good coffee

23.
Doubleeye

23. 더블아이 쉐네벡Schöneberg에 이름난 카페다. '더블아이'는 뭔가 일을 잘해냈을 때 칭찬하는 말로 카페 주인장이 지었다. 그야말로 커피맛이 더블아이다. 신선한 원두를 구입해서 작은 매장 한편에서 직접 로스팅한다. 제대로 된 테이블이나 의자도 없고, 매장도 작고 기다려야 하는 불편함에도 불구하고 손님들이 끊이질 않는다. 커피를 주문해서 한 모금 마셔보면 단박에 그 이유를 알 수 있다. 베를린 최고의 커피라 해도 과언이 아니다. 가격도 정직하다. 커피를 주문하면 쿠키 한 개를 서비스로 주는데 커피에 담가 먹으면 꿀맛이다. 커피를 주문할 때는 강한 맛, 부드러운 맛을 선택할 수 있다.

Akazienstrasse 22, 10823 /
U반 Eisenacher str 역 3분 거리
월~금 08:30~18:30, 토 09:00~18:00, 일 휴무

24.
Five Elephant Kreuzberg

24. 파이브 엘리펀트 크로이츠베르크

베를린에서 최고의 치즈 케이크를 먹으려면
파이브 엘리펀트가 답이다. 하지만 파이브
엘리펀트는 원래 훌륭한 로스팅으로
유명하다. 커피 원두는 재배자와 일대일
방식으로 직접 거래한다. 착한 커피와 치즈
케이크 한 조각이면 천국을 맛보게 될
것이다.

Reichenberger str. 101, 10999 /
버스 M29, Glogauer str 역 1분 거리
월~금 08:30~19:00, 토/일 10:00~19:00

25. 카페인 런던 중심가에 자리한 호주식
카페로 커피 그 자체가 시그니처 메뉴인 곳.
훌륭한 커피 맛으로 런던에서 최고의 카페를
선정할 때마다 이름이 오르는 카페다. 2009년
오픈 직후부터 커피 맛이 좋기로 소문이 나기
시작했고 이듬해 유럽의 '베스트 인디펜던트
카페'에서 금상을 수상했다. 작지만 아늑하고
따스한 분위기이며, 재료에 따라 매주 새롭게
바뀌는 아침과 점심 메뉴가 푸짐해 식사를
하기에도 좋다.

66 Great Titchfield St, Fitzrovia, W1W 7QJ /
Oxford Circus 역에서 도보 7분
월~금 07:30~18:00, 토 08:30~18:00, 일 09:00~17:00

good coffee   London

26.
Workshop Coffee

26. 워크숍 커피 커피 맛이 훌륭하기로
정평이 나 있다. 밝고 모던한 인테리어에
커피뿐 아니라 각종 커피용품을 갖추고
판매하는 워크숍 커피는 전문적인 분위기가
물씬 풍긴다. 쇼핑 거리에서 멀지 않은
번화가에 자리하지만, 조용히 커피를 즐기다
갈 수 있는 곳. 2011년 오픈 이후 현재
런던에 4개의 지점을 열었으며, 주말에는
커피 애호가들을 위해 마스터클래스를
운영하고 있다.

1 Barrett St, Marylebone, W1U 1AX /
Bond Street 역에서 도보 1분
월~금 07:00~19:00, 토/일 09:00~18:00

27.
Monmouth Coffee

27. 몬머스 커피 런던의 카페 중
여행자들에게 가장 잘 알려진 곳이 바로
몬머스 커피일 것. 1978년 처음 코벤트
가든에서 로스팅을 시작했고, 2007년
버로우 마켓에 문을 열었다. 이곳은 특히
공정무역으로 원두를 구입해 온 스페셜티
커피로 유명하다. 관광객들뿐 아니라
현지인들도 단골이 많다.

2 Park St, SE1 9AB / London Bridge
역에서 도보 2분
월~토 07:30~18:30, 일 휴무

28.
CLIMPSON & SONS

28. 클림슨 앤 선스 해크니 지역뿐
아니라 런던 전체에서 커피 맛이
뛰어나기로 유명한 카페다. 런던 시내의
여러 카페에서도 클림슨 앤 선스의
원두를 사용하는 것을 볼 수 있다.
토요일에는 마켓에 별도 부스도 설치해
운영한다.

67 Broadway Market, E8 4PH /
London Fields 역에서 도보 6분
월~금 07:30~17:00, 토
08:30~17:00, 일 09:00~17:00

<u>London</u>　　　　good coffee

29.
E5 Bakehouse

29. E5 베이크하우스 런던 필즈 역 바로 아래 아치형 공간에 자리한 유기농 베이커리로, 해크니 지역에서 가장 사랑받고 있는 빵집이자 카페다. 좋은 재료를 사용한다는 철학이 뚜렷하다는 점이 특히 믿음직스러운 부분. 유기농 재료로 매일 구워내는 빵은 일찌감치 품절일 때도 많다. 신선한 빵을 이용한 브런치 메뉴가 다양해 식사를 하기도 좋고, 카페와 나란히 자리한 숍에서는 농산물과 유제품, 견과류, 제빵 도구, 와인과 맥주 등을 판매한다.

395 Mentmore Terrace, E83PH / London
Fields 역에서 도보 1분
매일 07:00~19:00

brunch cafe   London

30.
Attendant

30. 어텐던트 쇼디치와 피츠로비아,
클러큰웰 세 곳에 지점을 운영하는
어텐던트는 원두와 재료에 대한 자부심이
높은 로스터리 카페이자 브런치 카페. 각각
개성 있는 콘셉트의 인테리어로 발길을
끈다. 쇼디치점은 식물을 이용한 친환경
인테리어가 밝은 느낌을 선사하는 곳.
브런치와 점심 메뉴는 4시까지 가능하며
특히 채식주의자들을 위한 메뉴가 다양하다.

74 Great Eastern St, EC2A 3JL /
Old Street 역에서 도보 4분
월~금 08:00~18:00, 토/일 09:00~18:00

31.
ANDERSON & CO

31. 앤더스 앤 코 페컴 지역에서 아침 식사와 브런치 장소로 특히 사랑받는 카페 앤더슨 앤 코는 2010년 오픈 이후로 지금까지 단골들이 일상적으로 즐겨 찾는 곳이다. 특히 낮 12시 15분까지만 제공하는 아침 메뉴가 인기이고, 간단한 토스트와 요거트부터 에그 베네딕트, 크레페, 샌드위치 등 15가지 다양한 메뉴가 있다. 런치에는 버거와 스테이크가 추가된다. 카페 안쪽에 자리한 예쁜 정원에도 테이블이 준비돼 있다.

139 Bellenden Rd, London SE15 4DH /
Peckham Rye 역에서 도보 5분
매일 08:00-16:00

32.
Distrikt Coffee

32. 디스트릭트 커피 느긋한 브런치를 즐기며
오가는 시크한 베를리너들을 구경하기 좋은 카페.
편안한 인테리어와 더불어 강한 더블 샷으로 진한
풍미를 자랑한다. 다만 아쉬운 점은 문을 일찍
닫는 편이라는 것. 로컬 사람들과 함께 아침식사를
즐기거나 정오 이후의 티타임을 이용해 들러 보는
것이 좋다.

Bergstraße 68, 10115 Berlin Mitte
월~금 08:30~17:00, 토/일 09:30~17:00

Berlin   brunch cafe

33.
Roamers

33. 로머스 노이쾰른Neukölln에 있는
자그마한 카페지만, 맛과 감각 있는
인테리어로 유명하다. 맛있는 케이크,
샌드위치, 레모네이드, 신선한 커피와 다양한
브런치 메뉴가 자랑거리다. 실내는 주인장이
여행한 곳마다 수집한 기념물과 보물로 가득
차 있으며 특히 캘리포니아와 포틀랜드 등
미국 여행에서 영감을 많이 받아 미국풍으로
꾸며져 있다. 카페 안팎, 그리고 공중에 매달린
수많은 화분들이 작고 감각 있는 공간을
만들어낸다. 현금 결제만 가능하다.

Pannierstraße 64, 12043 / U반 Hermannplatz 역 5분 거리
화~금 09:30~18:00, 토/일 10:00~18:00, 월 휴무

brunch cafe   Berlin

Berlin brunch cafe

Vodičkova 35 /
트램 Václavské náměstí 역 도보 1분
월~토 10:00~22:00, 일 10:00~20:00

34. 스타일 앤 인테리어 바츨라프 광장
인근에 숨어 있는 프로방스풍의 정원 카페.
정원 한가운데 있는 새하얀 파빌리온과
꽃과 나무가 어우러져 낭만적인 분위기를
연출한다. 샌드위치, 키쉬, 오믈렛, 디저트,
커피, 와인 등등 모두 다 훌륭하나 특히
추천하는 메뉴는 양귀비씨와 배가 들어간
마스카르포네 치즈 케이크. 체코에서 흔히
쓰이는 베이킹 재료이자 흑임자처럼 고소한
맛을 가진 양귀비씨가 잔뜩 박힌 케이크 시트,
마스카르포네 치즈 크림과 달달한 캐러멜의
조합은 환상적이다. 아침 식사 메뉴도 매일
제공한다.

Praha   brunch cafe

35.
L'Ébouillanté

6 Rue des Barres, 75004 / Pont Marie 역에서 도보 3분
화~일 12:00~19:00, 월 휴무

35. 레부이양떼 돌이 오밀조밀 박힌 12세기
파리의 옛 거리, 600년 넘은 성당이 내려다보고
있는 자리의 레스토랑. 평소엔 인적이 드물지만,
햇살 좋은 날에는 선글라스로 멋을 부린 사람들의
수다 소리가 테라스를 장식한다. 비딱하고 널찍한
거리에는 차와 오토바이가 다니지 않아 소음이
있을 공간에는 햇살만이 가득. 소문난 맛집은
아니지만, 맑은 일요일 오후 브런치 하기 더할 나위
없이 좋은 테라스라는 데는 이견이 없다. 감자가
주재료인 튀니지아 스타일의 크랩, 브릭Brick은
레부이양떼가 자랑하는 특식. 다른 레스토랑들에
비해 커피 종류도 다양하다.

brunch cafe   <u>Paris</u>

36.
PROTI PROUDU

36. 프로티 프로우두 모던하고 고급스러운
인테리어에 활기찬 분위기. 주중, 주말 할 것 없이
문전성시를 이룬다. 스칸디나비아 인테리어의
심플함 속에 이탈리안 비스트로의 활력을 담은
공간을 만들고 싶었다는데 결과는 대성공.
오믈렛, 프렌치토스트 등 아침 식사 메뉴를
하루 종일 제공하고 다양한 샌드위치, 샐러드 등
모든 메뉴가 하나같이 정갈하고 플레이팅 또한
고급스럽다. 세련된 매너로 생긋생긋 웃으며
응대하는 스태프들 덕에 기분도 최고.

Březinova 22 / 메트로 Křižíkova 역
도보 6분, 트램 Urxova 역 도보 2분
월~금 08:30~22:00, 토
09:00~18:00, 일 휴무

37.
Le Caveau

37. 르 까보 파리 뒷골목의 작은 비스트로를
닮은 이곳에서 프라하에서 제일 맛있는
바게트와 크루아상을 맛볼 수 있다. 따뜻하고
고소한 바게트를 씹으면서 잔디밭에서 뛰노는
체코 아이들을 보며 일상 같은 여행의 소소한
행복을 느껴보자. '이르지호 즈 뽀데브라드'
광장 파머스 마켓을 둘러본 후 재료의 신선함이
살아 있는 아침 식사와 브런치의 여유를
즐기기에 좋다.

Náměstí Jiřího z Poděbrad 9 / 메트로 Jiřího z
Poděbrad 역 도보 1분
월~금 08:00~10:30, 토 09:00~10:30,
일14:00~20:30

38.
Rye Wax

The CLF Art Cafe, 133 Rye Ln, SE15 4ST /
Peckham Rye 역에서 도보 2분
화/수/일 17:00~23:00, 목 12:00~2:30,
금/토 12:00~5:00

38. 라이 왁스 더 CLF 아트 카페 The CLF
Art Café 건물의 지하에 자리한 라이 왁스는
한마디로 정의하기 조금 어려운 장소다.
페컴 지역에서 다양한 취향을 만족시킨다는
콘셉트로 2014년 오픈한 이 공간은 레코드
가게이면서 만화방이기도 하고, 식사를 할
수 있는 카페이면서 칵테일을 파는 바이기도
하다. 또 공연을 할 수 있는 공간인 라이 왁스
라운지Rye Wax Lounge가 함께 자리해 저녁
시간에는 여러 가지 이벤트가 열린다. 무료
입장이 가능한 경우가 많고, 티켓을 구입해야
하는 공연도 있다.

<u>London</u>   complex cultural space

39.
Lion Coffee+ Records

39. 라이언 커피 앤 레코드 인디 레이블을 소유하고 있는 아내와 드러머이자 음반 제작자인 남편이 함께 운영하는 카페 겸 레코드 가게. '음악을 즐기고 커피를 마시며 음반을 탐색할 수 있는 장소'를 콘셉트로 2014년 문을 열었다. 따스한 조명이 비추는 목재 선반 위에 부부가 남다른 안목으로 선정한 음반이 진열돼 있고 자체 MD 상품도 판매한다. 음악을 좋아하는 사람들로 붐비는 공간으로, 특별한 신규 음반이 출시될 때는 칵테일파티도 개최한다.

complex cultural space   London

118 Lower Clapton Rd, E5 0QR /
Hackney Central 역에서 도보 13분
목/금 16:00~23:00, 토/일 10:00~18:00,
월~수 휴무

<u>London</u>   complex cultural space

40. 스피릿랜드 입구에서부터 'COME
HOME TO MUSIC'이란 문구가
반기는 스피릿랜드는 카페이자, 바,
그리고 라디오 스튜디오다. 영국의
스피커 생산회사 '리빙 보이스'에서
공간에 맞는 스피커를 제작해 훌륭한
오디오 시설을 갖췄고, 디제이가 LP를
선곡해 들려준다. 음향전문가들이
완성한 곳이므로 소리에 예민한
사람이라도 충분히 만족스러운
사운드를 감상할 수 있을 것. 오디오
액세서리와 음반도 판매한다.

9 - 10 Stable St, Kings Cross, N1C 4AB /
King's Cross 역에서 도보 6분
월/화 08:00~23:00, 수~토 08:00~01:30,
일 10:00~22:00

<u>London</u>   complex cultural space

41.
Kavárna Co Hledá Jméno

41. 카바르나 초 흘레다 이메노 특별할 게 없는 프라하 스미호프 지역에 문화적 생기를 불어넣은 것이 바로 이 카페. 주차장 뒤에 버려져 있던 목공소를 부활시켜 카페와 갤러리 등 종합 문화 공간으로 만들었다. 프라하시와의 마찰로 잠시 운영이 중단됐을 당시 카페 운영 재개에 관한 청원에 무려 1만 명의 사람들이 지지를 보냈을 정도로 로컬에게 사랑받는 공간. 다시 오픈한 이후 인기가 더욱 치솟아 연일 사람들로 가득 차고 지금까지도 이 근방에서 가장 멋진 공간이다. 주말 오전에는 브런치도 제공한다.

complex cultural space   Praha

Stroupežnického 10 메트로 Anděl 역 도보 3분
월 12:00~22:00, 화~금 08:00~22:00,
토/일 09:00~20:00

Praha   complex cultural space

42.
Vnitroblock

42. 브니트로블락 창고의 높은 천장, 벽돌과 철근을 그대로 활용한 인테리어는 '옛것을 남겨둔다는 것의 여유로움'을 실감케 한다. 자칫 서늘할 뻔했던 공간은 벽에 걸린 그림, 적절히 배치된 빈티지 나무 테이블, 사람들과 반려견들의 활기로 따뜻해진다. 천장 채광창에서 노을빛이 들어올 때가 되면 이곳은 디제이의 음악으로 더욱 달아오르고 이 매혹적인 폐허에 오래도록 머물고 싶어진다. 카페 옆으로 트렌디한 디자인의 신발과 옷을 판매하는 편집숍 매장이, 위층에는 요가와 댄스 스튜디오, 회의실이 있는 복합 문화 공간이 있다.

Tusarova 31 / 트램 Dělnická 역 도보 2분
매일 09:00~22:00

<u>Praha</u>   complex cultural space

43.
Ouky Douky Coffee Rybka Café

43. 오우키 도우키 커피 오래되고 촌스러운 인테리어,
색이 바랜 카펫과 삐걱대는 의자, 스프링이 푹 꺼진
소파가 20년이 되었다는 이 헌책방이자 북카페의 역사를
고스란히 담고 있다. 아늑하고 오래된 다락방에 앉아 있는
느낌이랄까. 그래서인지 이곳은 로컬들의 일상 속에서 자주
배경이 되어준다. 평일에는 직장인들이 아침을 먹거나
점심을 먹으면서 미팅을 하기도 하고, 주말에는 동네
주민들이 맥주 한 잔 시켜서 신문을 읽거나 친구를 만난다.
주로 체코어로 된 책들을 팔지만 작게나마 영어 서적
코너와 LP판 코너도 있다.

Janovského 14 / 메트로 Vltavská 역 도보 6분,
트램 strossmayerovo náměstí 역 도보 5분
매일 08~24:00

book cafe   <u>Praha</u>

44.
RYBKA CAFÉ

44. 리브카 카페 '물고기 카페'라는 이름.
물속에서 유유히 흐느적대는 물고기처럼
왠지 모르게 데카당스 하면서도 지적인
분위기가 매력이다. 체코어로 된 책만
판매하고 딱히 식사류도 없는 곳이지만,
이 카페에 가서 프라하 사람들의 일상을
관찰해 보자. 장난치는 반려견들을 흐뭇하게
바라보거나 심각한 얼굴로 체스를 두거나
미간에 주름을 잡고 컴퓨터 자판을 두드리며
일하는 프라하 사람들을 만날 수 있다.

Opatovická 7 / Lazarská 역 도보 5분,
Národní divadlo 역 도보 6분
월~금 09:15~22:00, 토/일 10:00~22:00

45.
Maison Assouline

196A Piccadilly, St. James's, W1J 9EY /
Piccadilly Circus 역에서 도보 4분
월~토 10:00~21:00, 일 11:30~18:00

45. 메종 애슐린 메종 애슐린은 고급스러운
문화와 라이프스타일을 다루는 출판
브랜드로, 1994년 설립 이후 독창적인
아트북을 출간하며 세계 여러 대도시에
갤러리 같은 예술적 분위기의 서점을 운영하고
있다. 런던 중심가에 자리한 이곳은 2개 층에
명품 패션 브랜드의 역사가 담긴 책이나 소장
가치가 높은 사진집 등 다른 곳에서 쉽게
찾아보기 힘든 서적까지 갖추고 있고, 커피와
애프터눈 티, 칵테일 등을 즐길 수 있다.

46.
Kioskafe

46. 키오스카페 모노클이 2015년 새로운 프로젝트로 오픈한 곳. 모노클 매거진과 모노클에서 발행하는 출판물은 물론이고 다른 독립 잡지와 서적, 가방, 그리고 컬래버레이션을 통해 출시한 화장품과 욕실용품도 판매한다. 무엇보다 눈에 띄는 점은 주문형 출판(PRINT-ON-DEMAND) 서비스를 제공한다는 점. 매장 한편에 놓인 기계를 통해 전 세계 각국의 원하는 신문을 바로 프린트해 £3에 구입할 수 있다. 패딩턴 역 주위에서 커피와 간단한 음식, '전 세계 뉴스'를 접할 수 있는 특별한 공간이다.

31 Norfolk Pl, Paddington, W2 1QH /
Paddington 역에서 도보 3분
매일 07:00~19:00

<u>London</u>   book cafe

47.
Shakespeare and Company

47. 셰익스피어 앤 컴퍼니 서점 오픈 당시에는 오데옹 거리 12번지에 있는 작은 서점이었다. 현재는 노트르담 성당이 지그시 바라다보이는 생미셸 광장 근처로 옮겨 역사를 이어가고 있으며 구입한 책을 느긋하게 읽기 좋은 동명의 카페를 바로 옆에서 운영 중이다. 돈을 내지 않고 책을 맘껏 빌려가도 좋다는 책방 주인 실비아의 말에 헤밍웨이는 아이처럼 기뻐했다. 위층에는 낡은 피아노와, 가난한 작가들이 일과 글쓰기를 병행하며 밤에는 쪽잠을 자는 허름한 잠자리가 마련되어 있다. 헤밍웨이의 책과 생텍쥐페리의 <어린 왕자>가 가장 눈에 띄지만, 그 외에도 요즘 나오는 영미 서적 큐레이션이 좋아 우연히 들를 때면 계획에 없던 책 한 권을 사게 된다.

37 Rue de la Bûcherie, 75005 /
Saint Michel 역에서 도보 1분
매일 10:00~22:00

book cafe   Paris

THEME INDEX.